轻体果昔

美味轻食

［法］弗恩·格林 著 严松 译

轻体果昔

美味轻食

北京出版集团公司
北京美术摄影出版社

目录

引言

保养自己

这些年，我们对怎么控制疾病和延缓衰老似乎有了一种更好的办法。这取决于我们的身体摄入什么——我们意识到饮食合理可以给身体带来益处，同时也会影响到我们的能量水平和我们的自身感受。一般来说，健康的饮食会帮助我们积极地面对生活。

我们也许经常听说烹饪可能会损害有益健康的生物酶，破坏食物中的营养成分。因此，我们正在寻找快速、简便的方式来食用生食。

有个很棒的方法可以用来食用那些摆在你厨房里的所有生水果和蔬菜。取一把菠菜，以及一个或者两个苹果，把它们丢进你的搅拌机或者榨汁机里，然后一杯充满乐趣且营养丰富的绿色饮品就出炉啦！通过这种形式获得的营养物质，是你需要食用很多沙拉里的菠菜才能获得的呢。

这本书会给你一些有用的提示以及很棒的食谱理念，去帮助你在生活中制作出适合自己的绿色饮品。无论你是想瘦身、对抗疲劳、抵抗疾病或者只是想变得更健康，让绿色饮品成为你日常饮食中的一部分，这样你会变得更加健康。

轻体果昔带来的五个绝佳好处

果昔可以：

· 清理身体，帮助身体排毒；同时平衡体内酸碱度，帮助预防疾病和治愈已有的健康问题。

· 取代咖啡因，让你的身体自然充满能量。

· 帮助那些可能不喜欢直接吃蔬菜的孩子——你可以把蔬菜和他们最喜欢的水果一起加到果昔里。

· 帮助你节食，同时给你提供能量（从存在的抗氧化物质和植物化学物中）来替代一种健康的小零食或者一顿饭。

· 帮助你净化血液，因为它们富含维生素、酶和叶绿素。

一杯果昔还是一杯果汁

对于你来说，果昔和果汁都是非常有益于身体健康的。至于你选择哪一种，这就看个人喜好了。两者都营养丰富，都使用了原生态的食材。但是制作一杯果昔，你需要一台搅拌机，而制作一杯果汁，你则需要一台榨汁机。（设备的参考建议详见第8~9页）。

如果你在榨汁机里加入一些水果

和蔬菜，一杯富含维生素和矿物质的很棒的饮品就应运而生——一饮而尽后，它足以给你增加能量。因为全部的营养成分会在大约数分钟内随着体内循环进入到血液里。果汁是你摄取健康绿色果蔬最快的方式。留在榨汁机里的果肉（最好是倒出来，马上清理干净）就是纤维的藏身之处。纤维会减缓身体对营养成分吸收的速度，随之营养成分也会缓慢地进入你的体内。

在制作果昔的时候，果肉会在搅拌机里翻滚，分解成浆。你可以根据个人喜好做相应的调整。通过加入一定量的水，可以让它变得更容易消化。果昔中含有蔬菜及水果中的纤维，对于帮助身体清除垃圾是很重要的。因为纤维会清理消化道，特别是结肠。建议在饮用果昔的时候，一小口一小口地抿，喝得太快会引起腹胀。

每天来一杯果汁或果昔，你的身体会有意想不到的效果——赶紧去试试吧。

绿色配料

当你初尝搅拌在一起的水果和蔬菜时，会很难适应那种"绿色"的味道。这没有什么不对劲——你会发现当你想加更多的水果（味道更甜）的时候，需要在一开始就做个试验。可以不停地加入水果直到你觉得味道适宜。本书里绝大部分的食谱建议的蔬菜和水果比例大概是6：4，有时候水果还要更少一些。

身体是否能够吸收那些不同的营养成分，关键在于果昔和果汁里使用的绿色原料一定要记得时常变换种类。与此同时，这样也能让你的味蕾保持新鲜感！

设备

搅拌机

厨房里的搅拌机可是大有用处的。我们不仅可以用它来制作果昔，还可以用它来制作其他的美食，比如美味的浓汤和各种酱汁。除了这些好处之外，购买一台马力强劲的搅拌机是个非常划算的投资。

在挑选搅拌机的时候，你可以优先选择功率1000W、高转速、带有高级切割功能的搅拌机。使用这种类型的搅拌机制作出来的果昔是最爽滑的，可以轻松饮用。

市场上那些价格低廉的搅拌机可能很快就会罢工，特别是在你频繁使用之后。在使用搅拌机的时候，你需要低速开启，然后慢慢调快转速来保证所有的原料都被充分搅碎。

Vitamix品牌或者Blendtec品牌的搅拌机都是非常有名的，市面上很多果汁店和果昔店都在使用这两种品牌的搅拌机。Projuice团队研制出了一款中档和一款高档的搅拌机，名字叫Problender（Problender功率为1350W，本书中所提及的果汁或果昔就是用它来制作的，效果特别棒）。Magrini多功能搅拌机是一款价格不菲的搅拌机。它与Vitamix品牌的搅拌机相类似，但不同的是，它拥有更多新式的控制按钮。

榨汁机

我们可以另外购买榨汁机。市面上榨汁机的款式越来越多，而且较之前的款式来说，新上市的榨汁机更加容易清洗。这点似乎很重要，因为这使得一些迟迟没有购买榨汁机的人开始进行尝试。市场上的榨汁机不仅价格各有高低，款式也是五花八门。相对便宜的离心式榨汁机，可以高速运转，榨汁也非常迅速。其他款式有咀嚼式榨汁机或者双齿轮榨汁机。这些款式的榨汁速度会慢很多，这样就减缓了果汁的氧化速度。在果汁变质前，你可以把它放进冰箱保存更长时间。

离心式榨汁机为你推荐的是来自Magimix品牌的"Le Duo榨汁机"。如果你对榨汁机的功能要求全面，那你可以试试Omega VRT350s重型榨汁机。它可以低速榨汁，同时清洗方便，还可以轻松榨取诸如小麦草之类的各种多叶蔬菜。

罗勒叶

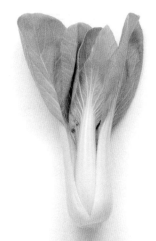

小油菜

卷心菜

西蓝花

超级绿色蔬菜

绿色蔬菜对人体有许多益处，并且含有大量的营养物质。在日常饮食中，我们尽可能地多去食用这些绿色蔬菜。但是，我们很难通过正常饮食补充到足量的营养物质。而将这些蔬菜榨汁或者搅拌后饮用意味着，与单纯食用它们相比，你可以更快捷地食用更多的蔬菜。

此外，所有的绿叶蔬菜都有细胞壁。细胞壁主要由纤维素组成，很难被人体所消化吸收。将这些绿叶蔬菜榨汁或者搅拌后饮用，可以使营养物质更加容易被人体吸收，从而提高人体的营养摄入含量。

罗勒叶

这种家喻户晓的草药富含对心血管健康有益的营养物质。它常被用来消炎，抑制细菌滋生。这是因为它能清除皮肤感染。对于那些患有炎症性肠病和关节炎的人来说，它的药效是非常显著的。同时，它也是我们获取维生素K的有效途径。此外，它还含有铁元素、钙元素和维生素A。

小油菜

小油菜或者青菜，有时候我们也称其为绿叶小白菜。它是一种可以抗癌的十字花科蔬菜。其维生素K含量相当高，几乎占了每天建议摄入维生素K含量的一半。它是一种很轻的绿叶卷心菜，很容易放入搅拌机里打碎。同时，它含有丰富的抗氧化剂和β-胡萝卜素，这些对眼睛是很有益处的。

卷心菜

一种十字花科蔬菜，富含维生素K和维生素C。卷心菜种类繁多，有各种各样的外形、大小、颜色和叶片。不要忘了抱子甘蓝也属于卷心菜——不过它是一种小型的卷心菜而已。卷心菜汁可以帮助我们预防和治疗胃溃疡，因为它有很棒的消炎功效。

西蓝花

它是十字花科家族中的王牌蔬菜，可以抗癌，同时也可以预防糖尿病、老年痴呆、心脏病、关节炎和其他一些疾病。由于这种长着绿色小花的蔬菜会增加果昔的浓稠度，所以你可能需要额外加一些水进去调节稠度。此外，它的茎部也可以食用，其茎部含有维生素C、维生素K、维生素A、叶酸和膳食纤维。

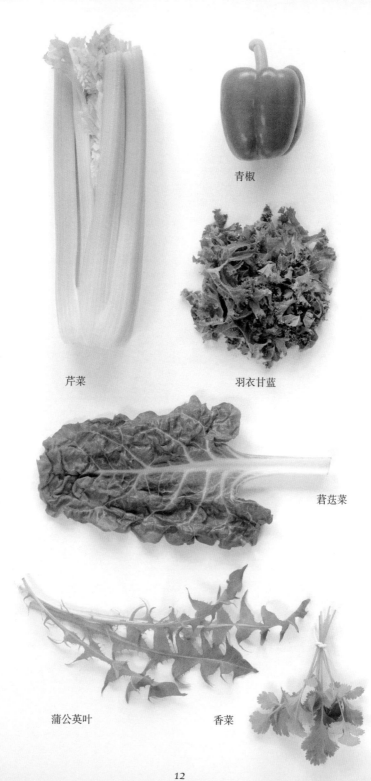

青椒

芹菜　　　　　羽衣甘蓝

莙荙菜

蒲公英叶　　　　　香菜

12

芹菜

芹菜具有凉血的功效，可以帮助人体维持正常的体温。它含有矿物质，可以调节血液中的酸碱度，中和体内的酸性物质。由于茴香和芹菜同属一个家族，所以它会让果汁尝起来有一丝咸味儿。芹菜的茎不易被打碎，甚至放进一台马力强劲的搅拌机里都无法打碎。但是，芹菜用来榨汁还是一个很棒的选择。

莙荙菜

这种绿叶蔬菜通常指的是"绿色蔬菜"。它有一大批不同的种类（彩虹甜菜、瑞士甜菜、红甜菜、金色甜菜和白色甜菜）。这种叶子茂密的蔬菜非常适合用来搅拌。它富含维生素A、维生素C和维生素K，可以调节血糖水平。同时，由于它具有很高的植物营养素含量，还可以用来消炎。

蒲公英叶

蒲公英叶富含维生素A和维生素K，能起到净化血液和肝脏的作用。它稍带苦味儿，最好和其他绿色蔬菜或者新鲜水果放在一起做成果汁或果昔。

青椒

多汁爽脆的青椒含有丰富的硅元素，可以改善肤色。它也含有大量的钾元素，可以帮助平衡体内液体与矿物质的比重，从而调节血压。

羽衣甘蓝

它是十字花科家族中的另一名成员，是抗击膀胱癌、乳腺癌、结肠癌、卵巢癌和前列腺癌的有力武器。它富含OMEGA-3脂肪酸，可以治疗关节炎和舒缓炎症。与牛奶相比，每摄入一卡路里的羽衣甘蓝便能吸收更多的钙。因此，它对于促进骨骼健康特别有帮助。这种表皮光滑的蔬菜很坚硬，所以需要一直搅拌至呈细碎状为止。

香菜

这种天然清洁剂含有一种化合物，可以吸附有毒金属物质，并将它们带出人体组织。它是一种清香的草药，可以帮助我们舒缓焦虑情绪，排出肠道积气，帮助消化，减轻炎症，降低血糖和低密度胆固醇含量。

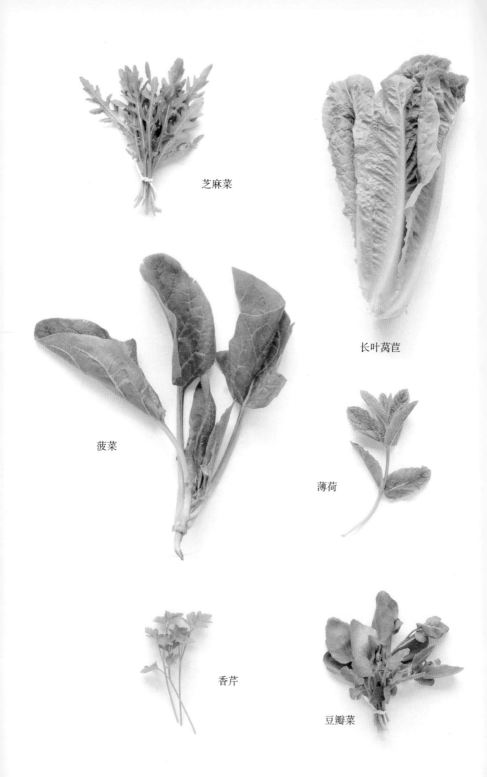

芝麻菜

长叶莴苣

菠菜

薄荷

香芹

豆瓣菜

芝麻菜

这种形似橡树叶的沙拉常用叶片，其味道让人联想到芥末。它是十字花科蔬菜的一种，是一种有效的抗癌食物。同时，它富含钙元素、维生素A、维生素C、维生素K和钾元素。它也是天然的兴奋剂，可以帮助消化，清醒头脑。

菠菜

菠菜口感细腻，富含维生素A、维生素C、维生素B$_2$、维生素B$_6$、维生素E、锰元素、叶酸、镁元素、铁元素、钙元素和钾元素。但同时，它也含有草酸，会和人体中的金属元素结合导致肾脏受到刺激。所以，不要在每种饮品里都加入它。菠菜可以帮助我们消化，也能促进肌肤健康，还能帮助我们驱走饥饿感，达到减肥的功效。

香芹

这种常见的草本植物能帮助我们抵御一些致癌物质。同时，它也富含叶酸，能够促进碳水化合物代谢，帮助减肥和排除体内的毒素。清理干净后，可放在冰箱保存数日。它可以让你的果昔呈现出像番茄和芹菜一样的口感。

长叶莴苣

食用一到两片长叶莴苣来滋养你的肾上腺皮质吧！这种营养丰富的绿叶生菜可以帮助你保持身体匀称，促进体内自然的排毒。它富含纤维，可以清理消化道，增强你的肌肉和心肌功能。对于制作任何一种果昔，它都是一种很棒的原材料。

薄荷

它清新的味道足以让任何一种饮品都充满让人心旷神怡的感觉，这有助于放松身心。除了缓解炎症和促进消化外，它还可以减轻头疼、恶心和缓解精神压力。

豆瓣菜

有着辛香味的豆瓣菜含有维生素A、维生素C、β-胡萝卜素，可以减少白细胞中DNA的损害。同时，你可以把这种很棒的绿色蔬菜放进果昔中，它会促进全身血液循环。

一个轻松的排毒计划

持续紧张的消化活动会消耗我们大量的能量。当我们停止食用固体食物时，器官就不再繁忙地运转。那样的话，血液就能将能量输送到大脑、皮肤和肝脏等部位。如果你愿意的话，那就还身体一次放松的旅行。现在，我们要把重心转到那些被我们忽视的体内问题，清除毒素并最终获得休养生息。在此期间，你会食用超过5千克的有机原生态食品。

排毒前

当你决定实施排毒计划，还身体一次久违的休养时，你需要在计划开始的前几天戒掉一些东西，特别是咖啡因、酒精、尼古丁、精制糖、畜产品以及小麦。如果你能吃上几天生食、肉汤、果汁、果昔，再饮用大量的水，那你就能更加舒畅地进行排毒。

排毒中

试着至少每一到两个小时去饮用部分果汁，保证身体一直能有营养摄入。接着，饮用水或者凉茶。在排毒期间，你可能会感觉有些寒凉，所以保持身体的暖和是必要的。给自己一点时间和空间去稍作休息，因为你的身体需要时间来进行体内的自我修复。一旦你熬过了第一个重要的排毒周期且体内充满活性营养物质，你会感到一种前所未有的清醒、踏实、轻松和一种由内而外的快乐。之后，你可以很快入睡并且睡得很香，起床也不会觉得困难，时间也会过得很快。你的精力和体力都会有所恢复，变得十分饱满。你的皮肤会变得通透紧致，眼睛会变得很明亮，体重会有所平衡，整个人都会觉得健康满满。

排毒后

合理地让排毒计划帮你达到预期目标是很重要的。排毒计划的第一天，最好只选择重复饮用汤和果昔。在接下去的几天里，应避免马上恢复你在排毒前的饮食习惯，而是要慢慢地恢复。请注意，如果你未满16周岁，或处于怀孕或哺乳期，身体有任何健康状况或者正在服用处方药，请不要尝试此排毒计划。如果你有任何疑问，务必第一时间向你的专属医生咨询。

七日绿色果汁排毒计划

这个计划会告诉你每天应该饮用多少果汁和果昔。制作300ml的果汁或制作700ml的果昔，取决于你在搅拌时为了达到所要的浓度而添加的水量。这个计划操作起来非常简单——每天按照配方用量饮用一杯果汁和果昔。你可以每天早上做好所需的果汁。饮用前放在冰箱里贮存。

1 第一天   **新鲜夏日果汁(请看P32~P33)**
欢乐草莓果昔(请看P72~P73)

早 餐	300ml新鲜夏日果汁
上 午	150ml欢乐草莓果昔
中 餐	200ml欢乐草莓果昔
下 午	150ml欢乐草莓果昔
晚 餐	200ml欢乐草莓果昔

2 第二天   **绿色纤维果汁(请看P28~P29)**
碱性果昔(请看P86~P87)
+姜汁营养液(请看P144~P145)

早 餐	300ml绿色纤维果汁
上 午	150ml碱性果昔
中 餐	200ml碱性果昔
下 午	150ml碱性果昔
晚 餐	200ml碱性果昔

当你需要额外提升强度时，可以加入姜汁营养液

3 第三天   **清新芝麻菜果汁(请看P22~P23)**
西瓜果昔(请看P114~P115)

早 餐	300ml清新芝麻菜果汁
上 午	150ml西瓜果昔
中 餐	200ml西瓜果昔
下 午	150ml西瓜果昔
晚 餐	200ml西瓜果昔

4 第四天　　　滋养蒲公英果汁(请看P24~P25)
　　　　　　　　枸杞柑橘果昔(请看P124~P125)

早　餐　　　300ml滋养蒲公英果汁
上　午　　　150ml枸杞柑橘果昔
中　餐　　　200ml枸杞柑橘果昔
下　午　　　150ml枸杞柑橘果昔
晚　餐　　　200ml枸杞柑橘果昔

5 第五天　　　青草能量果汁(请看P30~P31)
　　　　　　　　牛油果果昔(请看P92~P93)
　　　　　　　　+杏仁牛奶(请看P150~P151)

早　餐　　　300ml青草能量果汁
上　午　　　150ml牛油果果昔
中　餐　　　200ml牛油果果昔
下　午　　　150ml牛油果果昔
晚　餐　　　200ml牛油果果昔

如果喜欢可以适量加入牛奶，如不含甜味剂（龙舌兰蜜）的杏仁牛奶

6 第六天　　　美颜甜菜根果汁(请看P36~P37)
　　　　　　　　芦荟生菜果昔(请看P122~P123)

早　餐　　　300ml美颜甜菜根果汁
上　午　　　150ml芦荟生菜果昔
中　餐　　　200ml芦荟生菜果昔
下　午　　　150ml芦荟生菜果昔
晚　餐　　　200ml芦荟生菜果昔

7 第七天　　　清毒果汁(请看P64~P65)
　　　　　　　　蓝莓奇亚籽果昔(请看P134~P135)

早　餐　　　300ml清毒果汁
上　午　　　150ml蓝莓奇亚籽果昔
中　餐　　　200ml蓝莓奇亚籽果昔
下　午　　　150ml蓝莓奇亚籽果昔
晚　餐　　　200ml蓝莓奇亚籽果昔

果　汁

　　榨果汁是一项非常快速、非常简单的工作。你只需要一把锋利的刀和一块砧板。如果你的榨汁机没有配备专门用来榨柑橘类水果的工具，请记得先把柑橘类水果去皮。同时，你还要确保榨汁机的进料桶放在正确的工作位置。按照配方操作，绝大部分食谱都能制作出200~300ml的果汁。

清新芝麻菜果汁·滋养蒲公英果汁·沙拉果汁
绿色纤维果汁·青草能量果汁·新鲜夏日果汁
绿色青椒果汁·美颜甜菜根果汁·身体修复果汁
激发能量果汁·抱子甘蓝果汁·益脑果汁
大力水手果汁·减脂果汁·消化果汁
番茄果汁·诱人浆果果汁·树莓薄荷果汁
草莓果汁·排毒果汁·胡萝卜果汁
清毒果汁·茴香果汁·紫姜果汁

清新芝麻菜果汁

香辣味

所需食材

半罐椰子水·2把芝麻菜

1个红苹果·1小把香菜

3个墨西哥辣椒（可以根据口味调整）

首先，把半罐椰子水倒进一个杯子中。然后，把其他的原料放入榨汁机榨汁。
接着，倒入之前的杯中，搅拌后即可饮用。

这种果汁是天然的兴奋剂，有助于消化和保持头脑清醒。

D 排毒　I 增强机体免疫力　SO 激活身体

滋养蒲公英果汁

咸味

所需食材

少量辣椒粉·1/4个菊苣

1把蒲公英叶

1块拇指大小的生姜·1个柠檬

首先，把辣椒粉倒进杯子中。然后，把菊苣、蒲公英叶和生姜放进
榨汁机榨汁。接着，倒入之前的杯中。再切开柠檬，把柠檬汁
挤压到杯子里。稍稍搅拌后即可饮用。

这种果汁富含叶绿素，可以帮助清理藏在重要器官里的毒素，同时可以滋润你的皮肤。

P 清理身体　**D** 利尿　**BM** 促进新陈代谢

沙拉果汁

咸味

所需食材

1个柠檬·1个青椒
1个甜菜根·2根芹菜·3个小萝卜
半根黄瓜·1汤匙量的特级初榨橄榄油

　　如果你的榨汁机配有专门用来榨柑橘类水果的配件，那就可以用它来榨柠檬汁。如果没有的话，就先把柠檬的皮剥去，然后和其他剩下的原料一起放入榨汁机榨汁。接着，倒进杯子里，再往杯子里加入橄榄油，搅拌一下就完成了。

这种果汁不仅可以促进新陈代谢，还富含钾元素，可以帮助降低血压。

Ⓘ 增强机体免疫力 🆂🅾 激活身体 🅰 碱化身体

绿色纤维果汁
咸味

所需食材

半块西蓝花顶部·1小串绿葡萄
1棵菠菜·半个卷心菜
1个红苹果

将所有的原料一起放入榨汁机榨汁。

这种果汁富含大量的维生素C等抗氧化剂，可以预防疾病。

FD 促进消化　**BP** 强化护肤　**ES** 滋养血液

青草能量果汁
微咸

所需食材

2把芝麻菜

2把小麦草

2个橙子

将所有的原料一起放入榨汁机榨汁。

这种果汁富含维生素A、维生素C和维生素K，有温和的
兴奋作用，可为全身提供能量。

 促进新陈代谢  增强机体免疫力  滋养血液

新鲜夏日果汁
咸味

所需食材

2枝罗勒叶·2小枝薄荷·2棵菠菜
半根黄瓜·半个柠檬·半个青柠
1块拇指大小的生姜

将所有的原料一起放入榨汁机榨汁。如果你觉得榨出的
果汁太酸，可以加1个红苹果。

这种果汁美味可口，且富含大量的维生素A和维生素K。

A 碱化身体　**I** 增强机体免疫力　**BP** 强化护肤

绿色青椒果汁

香辣味

所需食材

3个墨西哥辣椒·1个青椒
半根黄瓜·2把芝麻菜
1个红苹果

将所有的原料一起放入榨汁机榨汁。

这种果汁富含增强机体免疫力的营养物质、维生素C、钙元素和铁元素。

BM 促进新陈代谢 **AI** 抗菌消炎 **ES** 滋养血液

美颜甜菜根果汁

微甜

所需食材

2个甜菜根·1个石榴

1串红葡萄

半个柠檬

首先，先把石榴去籽后榨汁。接着，将剩下的原料一起放入榨汁机榨汁。最后，把榨好的两种果汁混合在一起搅拌即可饮用。

这种果汁含有你每天所需的一半含量的维生素C。

EG 清除脂肪 **D** 排毒 **PP** 清理肌肤

身体修复果汁

咸味

所需食材

1/4个菊苣 · 6个小萝卜
1个红苹果 · 1小把甜菜叶
半个青柠 · 2根胡萝卜

将所有的原料一起放入榨汁机榨汁。

这种果汁富含维生素B$_2$和维生素B$_6$，饮用后可以使人感到精力充沛，对皮肤和大脑有益。

I 增强机体免疫力　**AO** 抗氧化　**A** 碱化身体

激发能量果汁

口感醇厚

所需食材

1把羽衣甘蓝·2把豆瓣菜
1个甜菜根·1块拇指大小的生姜·2根小胡萝卜
1棵菠菜·1个红苹果·1个橙子

将所有的原料一起放入榨汁机榨汁。

这种果汁富含维生素和矿物质，同时含有大量的叶酸。

RMO 促进骨骼生长和肌肉塑造　P 清理身体　I 增强身体免疫力

抱子甘蓝果汁

微甜

所需食材

1把抱子甘蓝
2把草莓
半个结球莴苣·1个橙子

将所有的原料一起放入榨汁机榨汁。

这种果汁不仅富含维生素C，而且还能帮助你驱走饥饿。

FD 促进消化 **AI** 抗菌消炎 **P** 清理身体

益脑果汁

微甜

所需食材

2把豆瓣菜
半个青柠 · 半个柠檬
2个梨 · 2个油桃 · 1咖啡匙量的螺旋藻粉

把除螺旋藻粉之外的所有原料放入榨汁机榨汁。把螺旋藻粉倒入一个杯子里，
然后慢慢和果汁一起搅拌，这样螺旋藻粉就能和果汁充分融合。所有的健康食
品店都有售螺旋藻粉，你也可以从网上购买。

这种果汁富含大量维持神经系统和组织健康所需的维生素B_{12}，对大脑有益。

BM 促进新陈代谢 **A** 碱化身体 **AO** 抗氧化

大力水手果汁

微甜

所需食材

2棵菠菜

1/3个菠萝

2把树莓

将所有的原料一起放入榨汁机榨汁。

这种果汁富含维生素和矿物质，能大量补充体内的铁元素。

BM 促进新陈代谢 **BP** 强化护肤 **FD** 促进消化

减脂果汁
咸味

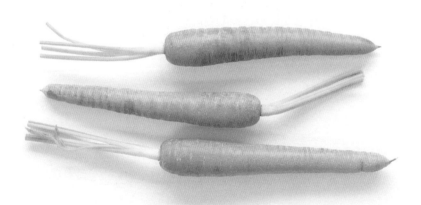

所需食材

3根胡萝卜
1把羽衣甘蓝
半个柠檬·2块拇指大小的生姜

将所有的原料一起放入榨汁机榨汁。

这种使人感到兴奋的果汁富含纤维，能促进血液循环，以它独有的方式帮助你抵抗身体任何部位的感染。

BM 促进新陈代谢 **RMO** 促进骨骼生长和肌肉塑造 **I** 增强机体免疫力

消化果汁

口感醇厚

所需食材

2个木瓜·2把羽衣甘蓝
1个梨·2小枝薄荷
半个青柠

将所有的原料一起放入榨汁机榨汁。

这种果汁不仅可以帮助你补充维生素C，还能让身体镇静下来。

ES 滋养血液 **FD** 促进消化 **AI** 抗菌消炎

番茄果汁

咸味

所需食材

2个番茄·半根黄瓜
1个茴香根·1个红苹果
1小把西芹

将所有的原料一起放入榨汁机榨汁。

这种果汁富含番茄红素，对心脏非常有益。

BP 强化护肤 **D** 排毒 **I** 增强机体免疫力

诱人浆果果汁

甜味

所需食材

2把蓝莓
2把黑加仑
2枝罗勒叶·2个甜菜根

将所有的原料一起放入榨汁机榨汁。

这种果汁富含抗氧化物质，对血液非常有益。

ES 滋养血液　**AI** 抗菌消炎　**FD** 促进消化

树莓薄荷果汁

甜味

所需食材

2把树莓·半个青柠
2小枝薄荷·1个桃子
2棵菠菜

将所有的原料一起放入榨汁机榨汁。

这种果汁富含维生素C等抗氧化物质，对身体健康特别有益。

 激活身体  清理身体  促进消化

草莓果汁

微甜

所需食材

4把草莓
2个番茄
半个卷心菜

将所有的原料一起放入榨汁机榨汁。

这种果汁富含维生素C，可以促进心血管系统健康。

EG 清除脂肪 **ES** 滋养血液 **I** 增强机体免疫力

排毒果汁

微甜

所需食材

1/4个卷心菜·1个红苹果

2根西芹

1/4个甜瓜

将所有的原料一起放入榨汁机榨汁。

这种果汁富含维生素C和维生素K，可以清理肝脏内的毒素。

BP 强化护肤　**RMO** 促进骨骼生长和肌肉塑造　**SO** 激活身体

胡萝卜果汁

微甜

所需食材

4根胡萝卜
1个红苹果
1个红薯

将所有的原料一起放入榨汁机榨汁。

这种果汁富含 β –胡萝卜素和维生素A，可以增强器官机能并保护肌肤。

I 增强机体免疫力　**SC** 益智健脑　**BP** 强化护肤

清毒果汁

咸味

所需食材

1根西芹 · 1小把芹菜叶
1把羽衣甘蓝 · 半块西蓝花顶部
1小把蒲公英叶 · 半个甜瓜 · 1个奇异果

———

将所有的原料一起放入榨汁机榨汁。

这种果汁富含钾元素和钙元素，是一杯值得你用心去制作的好果汁。

BP 强化护肤 　**FD** 促进消化 　**SO** 激活身体

茴香果汁

口感醇厚

所需食材

1个茴香根
1/4个紫甘蓝
4个红苹果

将所有的原料一起放入榨汁机榨汁。

这种果汁富含维生素C，可以减少炎症。

D 排毒　**ES** 滋养血液　**FD** 促进消化

紫姜果汁

甜味

所需食材

1个甜菜根
2个橙子
1块拇指大小的生姜

———————

将所有的原料一起放入榨汁机榨汁。

锻炼前饮用这种果汁是再合适不过了，可以提高血液里红细胞的摄氧量。

BM 促进新陈代谢 **SO** 激活身体 **ES** 滋养血液

果 昔

　　制作果昔真的很简单。你可以选择一次性制作很多，然后把它们放进冰箱保存一段时间。绝大部分果昔完成品与所添加的水的比例为5∶1。你可以酌情加水来达到你偏好的那个浓度。一些果昔会比其他的果昔浓稠，所以你必须根据所选用的原料来决定多加水还是少加水。这完全取决于你的个人喜好。

　　当你选用柠檬、橙子或青柠作为原料时，应该先把它们削皮，然后搅拌。有时候，配方会特别标明你要将它们榨汁，这样果昔中就会产生更多的液体。

欢乐草莓果昔·爽滑菠菜浆果果昔·滋补香蕉果昔
热带卷心菜果昔·椰子甘蓝果昔·梨之语果昔
高纤维果昔·碱性果昔·蓝莓甘蓝果昔
蜜桃果昔·牛油果果昔·番茄罗勒果昔
香菜辣椒果昔·辣椒橙子果昔·茴香风味果昔
焕醒果昔·果味果昔·香草无花果果昔·菠萝果昔
酸爽油桃果昔·芒果果昔·西瓜果昔·青木瓜果昔
超级哈密瓜果昔·黑加仑果昔·芦荟生菜果昔
枸杞柑橘果昔·中式果昔·韭葱黄瓜果昔
豆瓣菜果昔·肌肤滋养果昔·蓝莓奇亚籽果昔

欢乐草莓果昔

甜味

所需食材

2棵小油菜·2把草莓
1小串红葡萄
1根香蕉

将所有的原料一起放入搅拌机。如果你需要的话，可以额外加水来获得想要的那个浓度，即可饮用。

这种果昔富含维生素K，可以增强骨质，减少炎症。

AO 抗氧化 **EG** 清除脂肪 **FD** 促进消化

爽滑菠菜浆果果昔

甜味

所需食材

2棵菠菜
1把树莓
1把蓝莓·2个橙子

将所有的原料一起放入搅拌机。如果你需要的话，可以额外加水来获得想要的
那个浓度，即可饮用。

这种果昔富含维生素和大量的铁元素，可以预防泌尿系统感染。

ES 滋养血液　**BP** 强化护肤　**P** 清理身体

滋补香蕉果昔

微甜

所需食材

1棵长叶莴苣
1根香蕉
1小枝薄荷

将所有的原料一起放入搅拌机。如果你需要的话，可以额外加水来获得想要的那个浓度，即可饮用。

这种果昔富含维生素B_6、维生素C和钾元素，可以使你的身体保持清爽。

D 利尿　**ES** 滋养血液　**AI** 抗菌消炎

热带卷心菜果昔

甜味

所需食材

半个卷心菜·1/3个菠萝
2个芒果·1块拇指大小的生姜
1咖啡匙量的蜂蜜

将所有的原料（除蜂蜜）一起放入搅拌机。如果你需要的话，可以额外加水来
获得想要的那个浓度。接着，加入蜂蜜即可饮用。

这种果昔富含维生素C和维生素K，可以促进消化。

BM 促进新陈代谢 **FD** 促进消化 **BP** 强化护肤

椰子甘蓝果昔

甜味

所需食材

2把羽衣甘蓝·1根香蕉·1/3个菠萝
2汤匙量磨碎的椰肉
半罐椰子水

将所有的原料一起放入搅拌机。如果你需要的话，可以额外加水来获得想要的
那个浓度，即可饮用。

这种果昔富含维生素A和维生素K，有很强的抗菌功效。

I 增强机体免疫力 **EG** 清除脂肪 **RMO** 促进骨骼生长和肌肉塑造

梨之语果昔

微甜

所需食材

1把羽衣甘蓝・1棵小油菜
2个梨・1把草莓
半个青柠

将所有的原料一起放入搅拌机。如果你需要的话，可以额外加水来获得想要的
那个浓度，即可饮用。

这种果昔富含抗氧化物质，对眼睛特别有益处。

FD 促进消化 **I** 增强机体免疫力 **ES** 滋养血液

高纤维果昔

微甜

所需食材

1棵长叶莴苣・1棵小油菜

5个杏・1把蓝莓

1根香蕉・1小串绿葡萄

将所有的原料一起放入搅拌机。如果你需要的话，可以额外加水来获得想要的
那个浓度，即可饮用。

这种果昔富含维生素C和维生素K，对消化系统特别好。

碱性果昔

微甜

所需食材

2把羽衣甘蓝・2小枝薄荷
1个橙子・半个柠檬

将所有的原料一起放入搅拌机。如果你需要的话，可以额外加水来获得想要的
那个浓度，即可饮用。

这种果昔富含维生素A、维生素C和维生素K，可以帮助你很好地释放压力。

AI 抗菌消炎　**ES** 滋养血液　**D** 利尿

蓝莓甘蓝果昔

微甜

所需食材

2把羽衣甘蓝

2把蓝莓

2个梨·半个柠檬，榨汁

将所有的原料一起放入搅拌机。如果你需要的话，可以额外加水来获得想要的那个浓度，即可饮用。

这种果昔富含维生素A、维生素C和维生素K，可以帮助补血。

 抗菌消炎  促进骨骼生长和肌肉塑造  促进消化

蜜桃果昔

微甜

所需食材

2棵菠菜·2个水蜜桃
1枝薄荷叶
1汤匙量的蜂蜜

将所有的原料（除蜂蜜）一起放入搅拌机。如果你需要的话，可以额外加水来
获得想要的那个浓度。然后，把蜂蜜倒在搅拌成型的果昔表面即可饮用。

这种果昔富含维生素C、维生素A和钾元素，可以帮助你消除饥饿感。

SO 激活身体 **ES** 滋养血液 **RMO** 促进骨骼生长和肌肉塑造

牛油果果昔

微咸

所需食材

1个牛油果·1小把香芹叶
半根黄瓜·2枝莳萝
半个柠檬，榨汁

将所有的原料一起放入搅拌机。如果你需要的话，可以额外加水来获得想要的
那个浓度，即可饮用。

这种果昔富含叶绿素，可以帮助清洁你的身体。

ES 滋养血液 **AI** 抗菌消炎 **P** 清洁身体

番茄罗勒果昔

咸味

所需食材

2个番茄·2小枝罗勒叶
2根西芹·2棵菠菜
半个柠檬，榨汁

将所有的原料一起放入搅拌机。如果你需要的话，可以额外加水来获得想要的
那个浓度，即可饮用。

众所周知，番茄可以帮助降低患癌的风险，因为它们富含抗氧化物质。

BP 强化护肤 **P** 清理身体 **SO** 激活身体

香菜辣椒果昔

咸味

所需食材

1把香菜叶·1棵小油菜·1个红苹果
2根西芹·1块拇指大小的生姜·少量姜黄粉
少许卡宴辣椒粉·半个柠檬，榨汁

将所有的原料一起放入搅拌机。如果你需要的话，可以额外加水来获得想要的
那个浓度，即可饮用。

这种果昔富含铁元素，可以有效对抗消化系统疾病。

BM 促进新陈代谢 **ES** 滋养血液 **I** 增强机体免疫力

辣椒橙子果昔

香辣味

所需食材

3片腌制过的墨西哥辣椒
1小把香菜叶·1把羽衣甘蓝
1块拇指大小的生姜·1粒蒜瓣·2个橙子

将所有的原料一起放入搅拌机。如果你需要的话，可以额外加水来获得想要的
那个浓度，即可饮用。

这种果昔富含维生素A、维生素C和维生素K，具有一定的药用特性。

AI 抗菌消炎　**ES** 滋养血液　**A** 碱化身体

茴香风味果昔

咸味

所需食材

1个茴香根・2枝牛至・2枝罗勒叶
2把羽衣甘蓝・半根黄瓜・1个番茄
半个牛油果・半个青柠，榨汁

将所有的原料一起放入搅拌机。如果你需要的话，可以额外加水来获得想要的
那个浓度，即可饮用。

这种果昔富含维生素C和纤维，好好喝一杯来犒劳你的肌肤吧。

D 排毒 ES 滋养血液 FD 促进消化

焕醒果昔

咸味

所需食材

2把豆瓣菜·1汤匙量的麦芽
1汤匙量的亚麻籽·1个柠檬，榨汁

将所有的原料一起放入搅拌机。如果你需要的话，可以额外加水来获得想要的
那个浓度，即可饮用。如果你希望稍甜一些的话，可以往里面加些蜂蜜。

这种健体的果昔富含维生素A、维生素K和钙元素。它会激活你体内的每个细胞。

SO 激活身体　**ES** 滋养血液　**EG** 清除脂肪

果味果昔

微甜

所需食材

1大把香菜叶

2把草莓

半罐椰子水 · 1根香蕉

将所有的原料一起放入搅拌机。如果你需要的话，可以额外加水来获得想要的那个浓度，即可饮用。

这种果昔富含纤维，可以帮助降低体内的胆固醇含量。

香草无花果果昔

微甜

所需食材

4个小无花果或者2个大无花果·2棵菠菜

2个水蜜桃·少许肉桂粉

2滴香草精

将所有的原料一起放入搅拌机。如果你需要的话，可以额外加水来获得想要的
那个浓度，即可饮用。

这种果昔富含纤维和钾元素，对深受焦虑折磨的人群来说，
这是一杯非常棒的果昔，可以用来舒缓焦虑。

ES 滋养身体 **RMO** 促进骨骼生长和肌肉塑造 **SO** 激活身体

菠萝果昔

微甜

所需食材

1/3个菠萝

1小把香菜叶

1根香蕉·2小枝薄荷

将所有的原料一起放入搅拌机。如果你需要的话，可以额外加水来获得想要的那个浓度，即可饮用。

这种果昔富含维生素C，有助于消化。

 促进消化  抗菌消炎  排毒

酸爽油桃果昔

苦中带甜

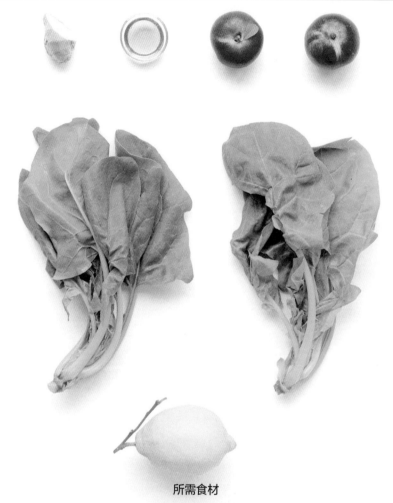

所需食材

2棵菠菜・2个油桃
1块拇指大小的生姜・1汤匙量的蜂蜜
1个柠檬，包括整个外皮和果肉

将所有的原料一起放入搅拌机。如果你需要的话，可以额外加水来获得想要的
那个浓度，即可饮用。

这种果昔富含维生素和铁元素，可以防止过敏。

 利尿 碱化身体 抗菌消炎

芒果果昔
微甜

所需食材

2把羽衣甘蓝
3个大芒果
1咖啡匙量的奇亚籽

将所有的原料一起放入搅拌机。因为奇亚籽会使果昔变得浓厚，所以确保添加足够多的水来获得你想要的那个浓度，即可饮用。

这种果昔可以补充大量的维生素A、维生素C和维生素K。

SO 激活身体　**ES** 滋养血液　**A** 碱化身体

西瓜果昔

微甜

所需食材

3/4个小西瓜或者1/4个大西瓜，去籽
1棵长叶莴苣·1根香蕉
半个柠檬，榨汁

除了柠檬，将所有的原料一起放入搅拌机。如果你需要的话，可以额外加水来获得想要的那个浓度。接着将柠檬汁倒入，即可饮用。

这种果昔富含番茄红素，可以帮助排出肾脏和膀胱里的有害物质。

AO 抗氧化　**I** 增强机体免疫力　**D** 利尿

青木瓜果昔

微甜

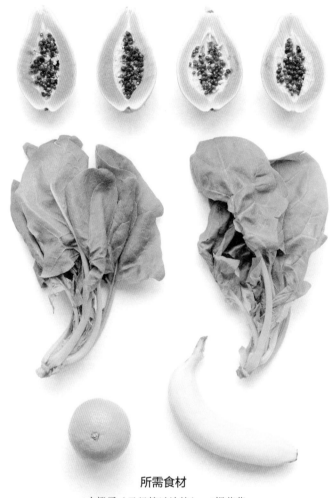

所需食材

1个橙子（已经榨过汁的）·2棵菠菜

2个熟木瓜，已去籽

1根香蕉

首先，把橙子榨汁。然后，将其他所有的原料一起放入搅拌机。接着，把橙汁加入果昔中。一直加水达到你想要的那个浓度，即可饮用。

这种果昔富含维生素C和铁元素，可以帮助你抵抗癌症侵袭。

I 增强机体免疫力 **BP** 强化护肤 **P** 清理身体

超级哈密瓜果昔

微甜

所需食材

1棵长叶莴苣
1个哈密瓜
2小枝薄荷

将所有的原料一起放入搅拌机。如果你需要的话，可以额外加水来获得想要的那个浓度，即可饮用。

这种果昔富含维生素A和维生素K，可以强有力地清除体内的垃圾，同时也能舒缓焦虑。

ES 滋养血液　**AI** 抗菌消炎　**D** 利尿

黑加仑果昔
甜味

所需食材
1把黑加仑
1个芒果·1个结球莴苣
1个橙子

将所有的原料一起放入搅拌机。如果你需要的话，可以额外加水来获得想要的那个浓度，即可饮用。

这种果昔富含维生素A、维生素B_6和钾元素，可以缓解泌尿系统感染。

I 增强机体免疫力　**SO** 激活身体　**SC** 益智健脑

芦荟生菜果昔

微甜

所需食材

1汤匙量的芦荟汁

1小串红葡萄

1棵红叶生菜·1个奇异果·1个橙子

将所有的原料一起放入搅拌机。如果你需要的话，
可以额外加水来获得想要的那个浓度，即可饮用。

这种果昔富含维生素C，可以促进血液循环。

 强化护肤 排毒 促进消化

枸杞柑橘果昔

微甜

所需食材

2咖啡匙量的干枸杞
1个芒果·1个柑橘
2根西芹·1个结球莴苣

将所有的原料一起放入搅拌机。如果需要的话，可以额外加水
来获得想要的那个浓度，即可饮用。所有的超市和健康食品店
都有售枸杞，你也可以从网上购买。

这种果昔富含维生素C和 β–胡萝卜素，可以强化肌肤，减轻炎症。

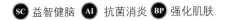

中式果昔
微甜

所需食材

1棵长叶莴苣·2个红苹果
4颗椰枣·少量肉桂粉
1个橙子

将所有的原料一起放入搅拌机。如果你需要的话，可以额外加水来获得想要的
那个浓度，即可饮用。

这种果昔富含维生素A、维生素K和维生素C，有助于降低你体内的胆固醇含量。

 ES 滋养血液　EG 清除脂肪　FD 促进消化

韭葱黄瓜果昔

咸味

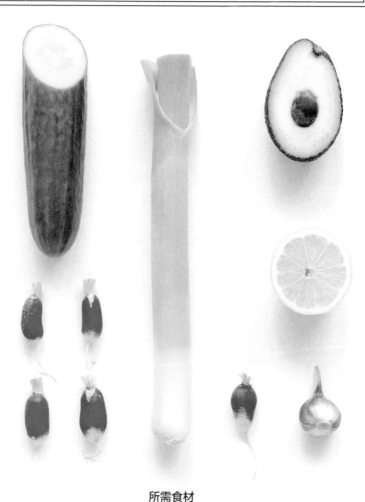

所需食材

1根韭葱·半根黄瓜
半个牛油果·5个小萝卜
1粒蒜瓣·半个柠檬

将所有的原料一起放入搅拌机。如果你需要的话，可以额外加水来获得想要的那个浓度，即可饮用。如果你喜欢里面有点辣味，不妨加几片墨西哥辣椒试试。

这种果昔富含山柰酚和叶酸，可以帮助你清除毒素产生的源头，从而彻底清洁身体。

BP 强化护肤 **FD** 促进消化 **SO** 激活身体

豆瓣菜果昔

微甜

所需食材

2把豆瓣菜

1个橙子·1个牛油果

半个青柠

将所有的原料一起放入搅拌机。如果你需要的话，可以额外加水来获得想要的那个浓度，即可饮用。

这种果昔富含维生素A、维生素C和维生素K，可以帮助你减轻头疼。

ES 滋养血液　**BP** 强化护肤　**A** 碱化身体

肌肤滋养果昔

微甜

所需食材

半个牛油果·1小捆芦笋

2个橙子·1枝罗勒叶

半个柠檬，榨汁

将所有的原料一起放入搅拌机。如果你需要的话，可以额外加水来获得想要的
那个浓度，即可饮用。

这种果昔可以由内而外提升你的美丽，因为它富含大量营养物质和纤维。

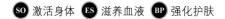 激活身体 滋养血液 强化护肤

蓝莓奇亚籽果昔

微甜

所需食材

2把蓝莓

1个橙子·1汤匙量的奇亚籽

半块西蓝花顶部

将所有的原料一起放入搅拌机。如果你需要的话，可以额外加水来获得想要的
那个浓度，即可饮用。

这种果昔是天然的兴奋剂，可以帮助消化，保持头脑清醒。

AI 抗菌消炎 BP 强化护肤 BM 促进新陈代谢

浓缩营养液和牛奶

当你需要在日常饮食中补充营养的时候，这些营养液是不二的选择。它可以帮助你快速摄入某种营养物质。如果你觉得需要额外补充精力，那么在你每日所饮用的果汁或者果昔里加入这些营养液，效果也是非常好的。

牛奶的营养成分也是很高的。你既可以把它们加入果昔或者果汁中，也可以单独饮用。饮用牛奶会让你感觉很舒服，使用不同口味的牛奶来调制也是一件非常有趣的事。

在我们的日常饮食中，坚果是非常重要的食物。因为它们富含单不饱和脂肪，有助于心脏健康和预防疾病。同时，它们也富含蛋白质、矿物质以及其他增强机体健康的营养物质。

请注意，有些坚果在加入搅拌机之前，最好先浸泡一下。当然，这也并非绝对必须要做的。我们可以在所有牛奶里添加一种天然的甜味剂，而且可以根据口味的轻重来增加使用的量。备受大家青睐的甜味剂是龙舌兰蜜、原生蜜、椰子油和纯正枫糖浆。所有的牛奶最多可在冰箱里保存三天。

芦荟营养液·青苹果营养液
抗流感营养液·姜汁营养液
巴西坚果牛奶·松仁牛奶
杏仁牛奶·南瓜子牛奶
巧克力腰果牛奶·山核桃牛奶

芦荟营养液

微甜

所需食材

1咖啡匙量的芦荟汁
1个青苹果，榨汁

———————

将芦荟汁倒入杯中，然后倒入榨好的苹果汁。

这种营养液可以帮助你降低体内的胆固醇含量和血糖水平。

ES 滋养血液　**FD** 促进消化

青苹果营养液

咸味

所需食材

1咖啡匙量的螺旋藻粉

1个青苹果

半个柠檬，榨汁

首先，将螺旋藻粉倒入杯中。然后，把青苹果榨汁，挤压柠檬，
将汁水一起加到杯中。混合均匀后即可饮用。

这种营养液富含蛋白质和矿物质。

SO 激活身体 **P** 清洁身体

抗流感营养液

咸味

所需食材

1咖啡匙量的龙舌兰蜜·少许卡宴辣椒粉

半粒蒜瓣·半块拇指大小的生姜

半个橙子·半个柠檬

———————

首先，将龙舌兰蜜倒入杯中，加入辣椒粉。然后，把蒜瓣、生姜、橙子和柠檬
一起榨汁。接着，将榨好的果汁倒入之前的杯中。胆小者慎饮！

这种营养液会促进血液循环，帮助你抵抗流感。

I 增强机体免疫力　**SO** 激活身体

姜汁营养液
甜味

所需食材

1咖啡匙量的龙舌兰蜜
半个柠檬
2块拇指大小的生姜

首先，将龙舌兰蜜倒入杯中。然后，把柠檬和生姜放在一起榨汁。接着，
将榨好的果汁倒入之前的杯中。混合均匀后即可饮用。

这种营养液有益于呼吸系统和心脏健康。

FD 促进消化 **ES** 滋养血液

巴西坚果牛奶

微甜

所需食材

150g巴西坚果·2汤匙量的椰子油

2汤匙量的龙舌兰蜜

1咖啡匙量的香草精·少许海盐

———————

为了获得最佳口感，建议先将巴西坚果浸泡6个小时。

在制作牛奶前，把浸泡坚果的水分去除。

将所有的原料一起放入搅拌机，加入600ml水搅拌至少1分钟。

为了达到最好的效果，把搅拌好的牛奶倒在一块粗棉布或者一块薄纱上，

下面放一只大碗，用一个长柄勺挤压过滤，尽可能多地获取液体。

这种特制牛奶富含纤维、硒元素和维生素E。

ES 滋养血液 **I** 增强机体免疫力 **SO** 激活身体

松仁牛奶
滑腻香甜

所需食材

75g松仁，松仁无须浸泡
2汤匙量的蜂蜜

将原料一起放入搅拌机，加250ml水搅拌1分钟。为了达到最好的效果，
把搅拌好的牛奶倒在一块粗棉布或者一块薄纱上，下面放一只大碗，
用一个长柄勺挤压过滤，尽可能多地获取液体。

这种美味的牛奶富含维生素A，对心脏很有益处。

I 增强机体免疫力　**EG** 清除脂肪

杏仁牛奶

微甜

所需食材

150g杏仁（浸泡过并去除水分）

2汤匙量的椰子油・2汤匙量的龙舌兰蜜

1咖啡匙量的香草精・少许盐

为了获得最佳口感，建议将杏仁浸泡6~8个小时。

将原料一起放入搅拌机，加入600ml水，搅拌至均匀细腻。把搅拌好的牛奶倒在
一块粗棉布或者一块薄纱上，下面放一只大碗，用一个长柄勺挤压过滤，
尽可能多地获取液体。

这种牛奶对降低体内胆固醇的含量非常有效。

RMO 促进骨骼生长和肌肉塑造 **AO** 抗氧化

南瓜子牛奶

微甜

所需食材

125g南瓜子

2颗椰枣·2汤匙量的蜂蜜

少许盐

将所有原料一起放入搅拌机，加入500ml水搅拌。

把搅拌好的牛奶倒在一块粗棉布或者一块薄纱上，下面放一只大碗，用一个长柄勺挤压过滤，尽可能多地获取液体。

这种牛奶富含锌元素，有助于改善睡眠和情绪。

 碱化身体 抗菌消炎

巧克力腰果牛奶

微甜

所需食材

100g腰果·30g可可粉
1汤匙量的椰子油·2汤匙量的龙舌兰蜜
1咖啡匙量的香草精·半咖啡匙量的盐

将所有原料一起放入搅拌机，加入600ml水高速搅拌。饮用前冰镇一下。如果你喜欢更甜一些，可以多加些龙舌兰蜜。

这种牛奶富含蛋白质，是改善坏情绪的绝佳选择。

Ⅰ 增强机体免疫力　**AI** 抗菌消炎　**ES** 滋养血液

山核桃牛奶

微甜

所需食材

115g山核桃，无盐烘烤
3颗椰枣·2汤匙量的龙舌兰蜜
1咖啡匙半量的肉桂粉·半咖啡匙量的香草精

———————

为了获得最佳口感，建议将山核桃浸泡整晚或者6~8个小时。

将所有原料一起放入搅拌机，加入360ml水搅拌至少1分钟。
饮用前冰镇一下口感更佳。

这种牛奶富含20多种人体所需的维生素和矿物质。

 滋养血液  促进消化  益智健脑

版权声明

© Hachette Livre (Marabout), Paris, 2014
Simplified Chinese edition published through Dakai Agency

图书在版编目（CIP）数据

轻体果昔 / （法）弗恩·格林著 ；严松译. — 北京 ：
北京美术摄影出版社，2017.6
（美味轻食）
书名原文：Green Smoothies
ISBN 978-7-5592-0014-3

Ⅰ. ①轻… Ⅱ. ①弗… ②严… Ⅲ. ①果汁饮料－制
作 Ⅳ. ①TS275.5

中国版本图书馆CIP数据核字 (2017) 第090850号

北京市版权局著作权合同登记号：01-2016-3718

责任编辑：董维东
助理编辑：杨　洁
责任印制：彭军芳

美味轻食

轻体果昔
QINGTI GUOXI

[法]弗恩·格林　著　严松　译

出　版　北京出版集团公司
　　　　　北京美术摄影出版社
地　址　北京北三环中路6号
邮　编　100120
网　址　www.bph.com.cn
总发行　北京出版集团公司
发　行　京版北美（北京）文化艺术传媒有限公司
经　销　新华书店
印　刷　鸿博昊天科技有限公司
版印次　2017年6月第1版第1次印刷
开　本　635毫米×965毫米　1/32
印　张　5
字　数　60千字
书　号　ISBN 978-7-5592-0014-3
定　价　59.00元
如有印装质量问题，由本社负责调换
质量监督电话　010-58572393